Début d'une série de documents
en couleur

LETTRES INÉDITES
DE SAVANTS FRANÇAIS

A LEURS CONFRÈRES OU AMIS D'ITALIE

XVIIe-XIXe SIÈCLES

PUBLIÉES

PAR M. EUGÈNE MÜNTZ

EXTRAIT DE LA « REVUE CRITIQUE »

LE PUY

IMPRIMERIE MARCHESSOU FILS

BOULEVARD SAINT-LAURENT, 23

1882

(43)

Fin d'une série de documents
en couleur

Lettres inédites de savants français

A LEURS CONFRÈRES OU AMIS D'ITALIE

XVIIe-XIXe SIÈCLES

EXTRAIT DE LA « REVUE CRITIQUE »

Dans le cours de mes voyages en Italie, j'ai eu l'occasion de recueillir un certain nombre de lettres émanant d'érudits français et paraissant avoir échappé aux recherches de mes prédécesseurs. Je dis paraissant, car, étant donnée la multiplicité des revues provinciales, tant en France que de l'autre côté des monts, il est aujourd'hui presque impossible d'affirmer qu'un texte est absolument inédit. Employer l'expression de « lettres peu connues » aurait peut-être été plus prudent : au lecteur de faire cette rectification, si, contrairement à toute vraisemblance, l'une ou l'autre des pièces reproduites ci-après avait déjà eu les honneurs de l'impression.

Les auteurs de ces correspondances sont tous assez connus pour qu'il soit inutile de leur consacrer une notice spéciale. Je n'insisterai pas davantage sur le contenu même de mon petit recueil épistolaire; son intérêt réside dans les renseignements qu'il nous fournit, ici sur la biographie d'un savant de mérite, ailleurs sur l'histoire de ses ouvrages, ou bien encore sur celle des relations si cordiales qui existent depuis tant de siècles entre la science française et la science italienne.

Eugène MÜNTZ.

I

Charles de Montchal — 1589-1651

MONSIEUR,

Voz lettres du quinziesme de may dernier m'ont esté rendues en la ville de Tholose par l'adoresse de Mons' Du Puy. J'ai receu beaucoup de contentement d'apprendre l'estat de voz affaires. Et que, dans les satisfactions que vous recevez en la cour de Rome, et dans la tranquillité de voz estudes, vous conservez la mémoire de l'affection que je vous porte, laquelle estant fondée sur la cognoissance que j'ay de vostre vertu et grande érudition ne peult qu'elle ne reçoive de jour à aultre des grands accroissemens, puisque vous prenez tant de soir et de peine pour en fortiffier et rendre plus solides les fondemens.

Pour moy, depuis ma promotion à cet archevesché, qui n'avoit veu de pasteur il y avoit vingt-cinq ans, j'ay esté continuellement dans les contentions pour la deffence des prérogatives de mon charactère. Et n'en suis pas encores à la fin, mais Dieu me donne le courage et les forces pour résister a ceulx qui se les estoient appropriez; la justice et piété de notre bon Roy m'ont conservé mon droict, mais j'ay affaire à une personne opiniastre, qui estant vaincue n'est pas convaincue, et cerche (*sic*) tous les moyens de me susciter des empeschemens jusques à souslever mon chappitre et renverser tout l'ordre de l'Eglise.

Ce sont des entreprises que le Roy réprimera et ausquelles je ne céderay pas, puisque le service de Dieu en seroit retardé.

Je me resjouis de sçavoir que Monseigneur le cardinal Barberin cognoist vostre mérite et vostre érudition, car, cela estant, il est malaisé qu'il ne pourvoye à establir vostre fortune et à vous donner le repos et le moyen pour proffiter au public en produisant les fruicts de voz estudes, non un « amat et deserit ».

Nous attendons tousjours l'édition de voz Géographes grecs, lesquels si vous envoyez à Paris pour les imprimer, le public en jouira plus tost, et ilz seront plus promptement communiquez par toute l'Europe que si vous les faictes imprimer ailleurs [1]. Tous les manuscritz que j'ay ne sont que pour donner au public aussytost que j'auray trouvé quelqu'un qui puisse vacquer à l'édition. Nous avons icy de bons imprimeurs, mais non pas des correcteurs. Vous pouvez faire estat certain de ce que vous désirez de moy, car je vous envoiray le tout sans aucune condition, si vous me faictes part de quelqu'une des raretéz dont vous faictes mention, « lucro apponam, » pour le faire donner au public.

La maladie qui a affligé cette ville, et qui n'a pas encores cessé, m'oste le moyen d'envoyer les autheurs que j'ay de la sphère et des phénomènes à Monsieur de Peyresc pour les vous faire tenir, d'aultant que le commerce est interdit à Tholose, et qu'à peine pouvons-nous faire tenir une lettre. Aussy tost que la santé nous aura rendu la liberté du commerce, je satisferay à vostre désir. Que si je croyais que vous ne fissiez pas si tost imprimer ces œuvres que vous me demandez, j'en retiendrois copie afin que ces pièces fussent en toutes façons conservéez.

Je vous prie de m'aymer tousjours et de me croire comme je suis, Monsieur,

Votre très affectionné serviteur,

CHARLES, arch. de Tolose.

---

1. Le travail sur les Petits Géographes grecs, auquel Montchal fait allusion, n'a jamais vu le jour.

De Tholose, ce 14ᵉ aoust 1629.

A Monsieur, Monsieur Holstenius, gentilhomme saxon, estant près
Monseigneur le cardinal de Barberin, à Rome.
(Bibliothèque Barberini, XLIII, 176, n° 8. Autographe.)

II

Doujat. — 1609-1688.

Eminentissime Domine,

Tolosae natus, in ea civitate, quae prae caeteris Galliae urbibus nul-
lam hactenus haereseos calvinianae maculam aut mixturam admisit ; ex
ea ortus familia quae semper orthodoxae fidei, per vitae pericula, ne-
dum per gravissima rei familiaris incommoda inhaesit ; in canonicam
deinde ascitus Parisiensis Academiae Scholam, quae solenni jureju-
rando alumnos, doctoresque suos ad perpetuam Catholicae professio-
nem doctrinae, ac peculiarem S. Sedis Apostolicae venerationem ad-
stringit : nihil habui, aut habebo unquam antiquius verae religionis
cultu, venerentiâ in Romanam Ecclesiam, et Pontificiae dignitatis de-
fensione.

His, quae generalia sunt, accedit nunc, Eminᵐᵉ Domine, singularis
quaedam in Sanctitatem Suam devotio, sive propensio praecipua, aut
mixtus intimis utriusque sensibus affectus, ex ipsius eximijs dotibus, ac
mentis morumque virtutibus, complurium testimonio mihi cognitis natus, priusquam ad summum illum Ecclesiae gradum eveheretur; qui
proximum Deo facit, quique per eam novo divini splendore lumi-
nis coruscans, vere Deo plenus apparet. Observantiae illius meae qua-
lecumque jam tum specimen, fusis aliquot iambis, edideram : quorum
exemplum hoc fasciculo inclusum, Eminentia vestra aequi, ut spero,
bonique consulet. Ut nonnullam adhuc ejus testificationem adjicere
liceret, commodum accidit proximi Jubilej per hosce desinentis Qua-
dragesimae dies in hac dioecesi promulgatio. Hinc ego ansam, Emᵐᵉ
Domine, arripiendam arbitratus sum, ovationem primum ea de re in
auditorio nostro habendi ; tum ejusdem orationis humillima obla-
tione devotissimum obsequium Sanctitati Suae utcunque significandi.
Illius itaque exemplum, tanquam reverentiae meae monumentum, et
pignus amoris exiguum ingentis, per Illᵐᵘᵐ ac Revᵐᵘᵐ Apocrisiarium
seu Legatum Apostolicum, D. Petrum Bargellinum, Archiepiscopum
Thebanum, accipere dignabitur Emᵃ Vʳᵃ : quod ut ad purgatissimas suae
Beatitudinis aures, oculosve perspicacissimos perveniat, nec sperare nec
optare ausim, ac longe minus postulare. Hoc tamen, Emᵐᵉ Cardinalis,
si fas esset, impetrare pervelim ab innata Emᵃᵉ Vʳᵃᵉ humanitate, ut me
procul licet positum in famulorum suorum numero haberi patiatur, ac
pro certo ducat, me ad Suae Sanctitatis Vestraeque Eminentiae jussa, si
quid pro mea tenuitate in rebus juridicis, historicis, ecclesiasticis,
philologicis possim, ac si vel pro Christi fide, meoque in ipsius spon-

sam officio fundendus fuerit sanguis, semper ad humillima obsequia paratissimum fore.

Scribebam Lutetiae Parisiorum
VI. Kal. Maias anni Christiani 1669.

Eminentiae Vestrae
Addictissimus famulus,
J. DOUJAT,
Antecessor Parisiensis.

. (Bibliothèque du Vatican, fonds latin, n° 9063, ff. 155, 156.)

III

Daniel Huet. — 1630-1721.

EMINENTISSIME CARDINALIS, '

Quoniam sermonibus omnium perfertur ad nos, et vulgo notum est eximiam esse Eminentiae vestrae erga omnes benignitatem, plurimumque auctoritatis et gratiae apud sacrum Collegium virtute sua sibi quaesivisse, ad eam in summis nostris angustiis, tanquam in tutum portum, confugimus. Nam cum diploma Episcopatus Abrincensis, qui nobis a magno Rege destinatus est, tanto sit aere impetrandum, quantum neque fert regula nostra, neque ferre possunt vectigalia sacerdotii hujus, quae exigua per se sunt, et gravissimarum pensionum solutioni obnoxia, certum rebus nostris paratum est exitium, nisi opem suam praestet, pretiumque diplomatis remittat exorata a vobis Sedes apostolica.

Quod ut ab Eminentia vestra postulare et expectare ausim, facit injunctum nobis olim, et per multos annos praestitum Serenissimi Delfini ad bonas literas erudiendi et instituendi munus. Cujusmodi munere qui functi sunt, iis fere in simili re gratificari solent summi Pontifices.

Accedit diuturnus nobis in confutandis impiis, et a christiana fide alienis hominibus, positus labor, cujus multa publica monumenta haud poenitenda extant.

Haec si honorario aliquo et liberalitate prosequatur sancta Sedes apostolica, optime intelligit Eminentia vestra excitatum porro in doctorum hominum adversus atheorum et haereticorum pravitatem, diligentiam et studia,

Fax.t Deus ut Eminentiae vestrae pietate, prudentia et consiliis Ecclesia diu fruatur.

Eminentiae Vestrae
Devotissimus
Petr. Daniel HUETIUS,
Eps. Abrincensis design.

Lutetiae Par. VI Eid.
dec. MDCLXXXIX.
(Bibliothèque du Vatican, fonds latin, n° 9064, fol. 73ᵃ. Autographe.)

IV

Pellisson. — 1624-1693.

A Paris, ce 13 juin 1692.

MONSEIGNEUR,

J'ay receu, selon les ordres de Vostre Altesse Sérénissime, le grand et célèbre Dictionnaire de Messieurs della Crusca, avec tout ce que leur nouveau travail, la beauté de l'édition et les manières de Monsieur le Baron Ricassoli, qui gagnent les cœurs à V. A. S., y pouvoient adjouster de perfection, d'agrément et d'ornement. Le mérite de l'ouvrage qui sera éternellement le modelle de tous ceux de son espèce, l'applaudissement qu'il a receu et qu'il reçoit du public, mon propre goust enfin me rendroient tousjours ce présent très cher et très précieux. Mais la main de V. A. S. dont il me vient luy donne pour moy une valeur infinie au dessus de toutes mes expressions et de toutes mes très humbles actions de grâces. Je ne puis en tesmoigner ma reconnoissance à V. A. S. qu'en me resjouissant, comme je le fay de tout mon cœur, de ce qu'elle sçait si bien joindre à toutes les autres vertus ou civiles, ou chrétiennes d'un Prince, l'amour des belles-lettres qui seroient en faute si elles en laissoient jamais perdre le souvenir. Ce travail illustre qu'Elle a honoré de sa protection et qu'elle respand libéralement chez les estrangers en sera un monument perpétuel par toute la terre. S'il paroist avec moins d'esclat dans ma petite Bibliothèque, il n'y aura point de lieu où il soit plus réveré et personne ne se fera plus d'honneur que moy d'avoir esté distingué par mon zèle comme les autres par leur mérite, ni ne sera avec plus de vénération et plus de respect, Monseigneur, de Votre Altesse Sérénissime le très humble, très obéissant et très obligé serviteur

PELLISSON-FONTANIER.

A son Altesse Sérénissime
Monseigneur le Grand Duc.
(Florence. Archives d'Etat. Fonds des Médicis, n° 4828.)

V

J. F. Vaillant. — 1632-1706.

MONSEIGNEUR,

J'oserois dire à V. A. S. que la guerre a si fort épouvanté les muses qu'elles se sont retirées sur le mont de Parnasse et que la plupart des gens de Lettres s'addonnent présentement à cultiver leurs jardins plutôt qu'à escrire; pour moy qui ay six mois d'employ, lorsque M. le duc du Maine revient passer l'hyver à Versailles, et six autres pour cultiver mes fleurs lorsque l'esté il est à l'armée, je me trouve partagé dans le travail et dans le repos. Je m'applique donc six mois aux médailles et six mois à la culture des fleurs; dans les premiers j'ay fait une explication d'une suite de médaillons et dans ces derniers je les fais imprimer en jardinant. La moitié est plus que faite, mais le livre n'a put (*sic*) estre en état pour estre présenté à V. A. S. sitost que je l'aurois souhaité, pour prendre l'occasion en vous le présentant, de vous demander de ces belles fleurs que l'on cultive avec tant de soins dans vos charmans parterres. J'ay eu assés de hardiesse pour demander à Rome au Prince de Rossane de ses belles anémones, et il a eu la bonté de m'en envoyer de ses plus rares, ces jours icy, mais je ne sçay si ce n'est pas une témérité d'en demander aussi à V. A. S., du moins je la conjure de ne pas blamer ces plaisirs innocens. Si cependant j'estois assez heureux qu'elle voulut bien songer à moy, j'oserois luy dire qu'il est temps de planter présentement, et que c'est la cause que je n'ay point attendu de faire ma demande en envoyant le livre, qui eût peut être esté un temps plus favorable; puisque je n'ay entrepris d'expliquer ces médaillons que pour en donner une idée à vostre antiquaire, qui m'avoit mandé que le grand Prince avoit commencé de faire graver ceux de V. A. S. et auquel j'ay offert mes petites lumières sur ce sujet, comme une personne toute devouée à vostre illustre maison, qui, comblée de vos faveurs, vous demande de souffrir que je continue de me dire avec les derniers respects, Monseigneur, de V. A. S. le très humble et le très obéissant serviteur.

VAILLANT.

[Au grand duc de Toscane].
A Paris, ce 31 aoust 1693.
(Florence. Arch. Médic., 4829.)

VI

D'Herbelot. — 1625-1695.

A Paris, ce 22 octobre 1695.

MONSEIGNEUR,

L'honneur qu'il a plu à Vostre Altesse Sérénissime de me faire par sa dernière du 30 septembre, et la joye que j'ay ressenti, en y apprenant qu'Elle daignoit bien vouloir jetter les yeux sur ma Bibliothèque orientale, en l'estat qu'elle est, m'ont obligé de la remettre aussi tost entre les mains de M^r le Marquis Salviati, pour lui estre envoiée par la première commodité. Comme cet ouvrage a pris sa naissance sous les auspices favorables et sous l'auguste protection de Vostre Altesse Sérénissime, j'espère qu'elle le recevra avec quelque témoignage de bonté et d'aggréement, et qu'Elle aura plus d'égard à l'empressement que j'ay eu de suivre ses ordres qu'à la qualité du présent que je lui fais, puisqu'il ne peut tirer son prix d'ailleurs que de mon obéissance. J'ay pris dans cet ouvrage la liberté de faire mention en quelques endroits de manuscrits de la Bibliothèque du cabinet de Vostre Altesse Sérénissime; mais je n'ay pas osé en donner le catalogue entier sans son congé, et je me flatte cependant de l'espérance d'en pouvoir enrichir une seconde partie de ce mesme ouvrage qui est d'sjà preste, si cette première paroist digne à ses yeux de paroistre au jour. Je suis cependant dans l'attente de ses commandements, lesquels je recevray toujours avec un très profond respect, en qualité de celuy qui fera profession toute sa vie d'estre

de Vostre Altesse Sérénissime

le très humble, très obéissant et très obligé serviteur,

D'HERBELOT.

(Florence. Archives d'Etat. Correspondance de Côme III, filza 1134; ancien 133).

VII

Dom P. Coustant. — 1654-1721.

MON RÉVÉREND PÈRE,

Si je ne vous écris point souvent, je ne conserve pas moins pour cela les sentimens que je dois avoir pour tous les témoignages de bienveillance que Votre Révérence a eu la bonté de me donner. Mais de peur de passer pour être dans des dispositions contraires, je me crois obligé, au moins dans ce renouvellement d'année, de vous en donner des nouvelles assurances. Je vous la souhaitte toute sainte, et comblée d'une plénitude de grâces. Je prens occasion en même temps de vous rendre conte de ce que j'ay pu découvrir jusqu'à présent pour aider à la correction des lettres des papes. Je trouve d'assez beaux mss. de la collection de Denis le Petit, de celle d'Isidore Mercator, du Codex canonum que le Père Quesnelle a donné dans son S. Léon, et quelques autres collections qui reviennent à celle d'Isidore, et qui paroissent avoir été les originaux d'où il a pris ce qu'il a ajouté de véritable à ses fausses pièces. Je trouve une collection entière des lettres de Nicolas I et une autre d'Hadrien II. Les lettres de Grégoire VII se trouvent à Clairvaux. Pour ce qui est de celles de S. Grégoire le Grand, le Père de S. Marthe en a déjà vu plusieurs mss., et il s'en pourra trouver encore d'autres. Mais il s'en faut bien que je n'en trouve sur toutes celles des autres papes. Vous ne trouverez pas mauvais que je vous fasse une liste de celles sur lesquelles les mss. jusqu'à présent m'ont manqué, à fin que si vous en pouvez découvrir quelques-uns, vous cherchiez le moyen de nous en faire avoir les variations.

Sur le pape Sirice.

La lettre de Maxime à Sirice, et celle de Sirice à Anysius, etc. Lab., t. II, pp. 1030 et 1033 sont de ce nombre.

D'Innocent I.

Toutes celles qui se trouvent depuis la page 1291, 2. tom. Lab. jusqu'à la 1316. On pourra néanmoins en trouver quelques-unes de celles-là parmi les mss. de S. Jean Chrysostome et de S. Jérome. Sur quoy je n'ay encore fait aucune recherche.

De Zosime.

La 3, 4, 5, 6, 7, 8, 9, 10, 11, 12, 13. Lab. t. II, depuis la p. 1558 jusqu'à la 1574.

Lettres des papes sur lesquelles il ne se trouve point ou peu de mss. :

De Célestin I.

Celles qui sont écrites à Cyrille, au concile d'Ephèse, à l'emp. Théodose, à Maximien, au clergé de PP. qui se trouvent Lab., t. II, depuis la page 1623 jusqu'à la 1631.

Deux autres Lab., t. III, pp. 349, 351.

Une autre Lab., t. IV, p. 1710.

De Sixte III.

Les quatre lettres qui se trouvent Lab., t. IV, pp. 1711 et seqq. dont la première est adressée à Périgène, la seconde à un concile futur de Thessalonique, la troisième à Proclus, la quatrième aux Evêques d'Illyrie.

Hilare.

Les lettres à Léonce, aux évêques de Gaule, et à quelques Evêques, imprimées : Lab., t. IV, depuis la page 1639 jusqu'à la 1645.

De Simplicius.

Toutes, excepté la première à Zénon, qui commence *Plurimorum*. Une autre à Florentius, *Relatio;* une troisième d'Acace, *Sollicitudinem,* et une response au même Acace, *Cogitationum,* et une à Jean, évêque de Ravenne : *Si quis.*

De Félix III.

Il n'y a que l'épitre à Acace, *Multarum,* celle à Zénon de Séville, *Filius meus,* et une à tous les Evêques, *Qualiter in Africanis,* sur lesquelles j'aye jusqu'à présent trouvé des mss.

De Gélase.

Il manque de même de mss. sur la lettre à Laurent, les deux à Honorius, celle aux Evêques de la Marche d'Anc. (Picenis), sur le traitté *Dicta adversus Pelag. hæret.,* sur la lettre *Episcopis Bardan. et Illyr.* qui commence *Audientes,* l'ouvrage *adversus Andromachum,* et les actes *de absolutione Miseni.* Je trouve trente-huit fragments de ce pape sans ceux que l'on a donnez en différents endroits, qui marquent que ce Pape a écrit quantité de lettres que nous n'avons pas.

De Symmaque.

Exceptez sur la première à Liberius, le seconde à Laurent, et la troisième à S. Caesaire, *Hortatur nos,* les mss. nous manquent sur le reste.

Hormisdas.

Je trouve assez de mss. sur une douzaine de lettres de ce pape, et point sur le reste.

Je ne me vois point plus de fonds sur les papes suivants. Ce qui me fait avoir recours à votre Révérence pour la prier, s'il y a moyen de nous enrichir de ce qui s'en conserve en Italie. Je serois aussi curieux de sçavoir s'il s'y trouve quelque collection de Denis le Petit sans le décret de Grégoire II. appellé du nom de *junioris*, et des papes qui l'ont précedé, sçavoir Hormisde, Symmaque, Félix, Simplicius et Hilare.

Sur les lettres, sur lesquelles l'on ne manque point de mss. en ce pays, même fort anciens, il ne laisse pas de rester quelques endroits corrompus, qui pourroient être rétablis par ceux de Rome et d'Italie. Je n'ay pas osé faire plutot à Votre Révérence semblables propositions, sçachant d'un côté votre bonne volonté pour concourir à l'exécution du dessein qu'on m'a proposé, et de l'autre la difficulté d'avancer dans ce travail sans second. Je le vois par moy même, qui suis contraint de collationner seul les mss. que je puis découvrir. Et même je ne fais maintenant cette prière qu'avec peine, quoyque je sçache que vous ayez un compagnon. Vous me permettrez de le saluer et de commencer la connoissance par lui souhaitter comme je l'ay déjà fait, envers V. R. et que je le réitère, toutes sortes de prospéritez et de grâces. Ma peine vient de l'appréhension de vous détourner trop pour rechercher et collationner tant et tant de pièces différentes. Mais la charité surmonte toutes les difficultez : et je me croirois coupable de ne me pas servir des offres obligeantes que vous m'avez faits de la vôtre, pour perfectionner un dessein, qui demande différents secours et du temps. S'il s'agit de rendre dans quelque rencontre témoignage de ma disposition, V. R. pourra assurer, sans crainte de s'engager trop, qu'on ne peut pas avoir plus de zèle et plus d'attachement pour tout ce qui regarde l'honneur de l'Eglise. Je vous prie de demander pour moy, dans un lieu où reposent les cendres de tant de saints Papes, la grâce de travailler utilement sur les monuments qu'ils nous ont laissez et de me croire avec tout le respect et l'estime possible,

Mon Révérend Père,

Votre très humble et obéissant serv. et confr.

Fr. Pierre Coustant, M. B.

De Paris, le 11 déc. 1702.

Au Reverend Père Dom Guillaume de la Pare, Procureur général de la Congrég. de S. Maur, à Rome.

(Bibliothèque du Vatican, fonds latin, n° 9063, fol. 149 et 150.)

VIII

André Dacier. — 1651-1722.

Monseigneur,

Ce n'est point un présent que j'ay l'honneur de faire à Vostre Altesse Royale, c'est une dette dont je tâche de m'aquitter. Vostre bibliothèque de St Laurent, que vos prédécesseurs, de glorieuse mémoire, et Vostre Altesse Royale ont enrichie et embellie avec tant de soin et de dépense m'a fourni un trésor que je n'aurois pas trouvé ailleurs. Mr Antonio Salvini, aussy officieux que sçavant, a eu la bonté de m'envoyer des extraits d'un des plus excellents manuscrits qui soient dans l'Europe. Comme c'est à la magnificence de Vostre Altesse Royale que je dois la perfection de cet ouvrage qui paroist aujourd'hui plus sain et plus entier qu'il n'a esté jusqu'icy — je vous supplie, Monseigneur, de permettre qu'il aille non pas orner, mais augmenter vostre fameuse bibliothèque.

En m'aquittant d'un si juste devoir, javoueray à Vostre Altesse Royale que j'ose aspirer à l'honneur de son suffrage. C'est sans doute, Monseigneur, une ambition trop déréglée et je sçay combien cella est audessus de moy; mais rien ne nourrit tant l'esprit et le courage que de se proposer de grands objets. C'est là le mien, Monseigneur, et il n'est point d'effort que je ne fasse pour l'obtenir. La renommée, qui se fait honneur de parler des grands Princes, m'a fait connoistre depuis longtemps le goust exquis et les grandes qualités de Vostre Altesse Royale, et il y a plusieurs années que j'admire sa grande sagesse. Je souhaite, Monseigneur, que vos sujets jouissent longtemps d'un si grand bien et les arts et les sciences de vostre auguste protection.

Je suis avec un très profond respect, Monseigneur,

De Vostre Altesse Royale

le très humble et très obéissant serviteur.

DACIER.

A Paris, le 25 d'avril 1706.

(Florence, Arch. Nat. Correspondance de Côme III. Filza, 1137.)

VIII

P. J. Mariette. — *1694-1774.*

A Paris, ce 28 septembre 1747.

MONSIEUR,

Je me trouve extrêmement honoré de la lettre que vous m'avez fait l'amitié de m'écrire en datte du 29 aoust dernier, et vous ne devez pas douter qu'en tout ce qui dépendra de moy, je ne négligerai rien pour vous servir, trop heureux de pouvoir mériter par là votre estime. — Vous aurez l'estampe du dyptique que vous m'indiquez, mais je suis bien aise avant que de vous l'envoyer, de la confronter avec l'original à fin de réformer les défauts qui pourroient être dans la représentation, et que vous ayez quelque chose d'exact. Vous me marquez que ce dyptique « è nel Tesoro della Regia Cappella, » mais vous estes en cela dans l'erreur; il se conserve « nella Real libreria » et c'est là où je dois le voir. Il n'y a pas encore longtems que j'en parlois avec Mr l'abbé Mellot qui en a la garde. Je ne sache pas que nous ayons à Paris un autre monument de la même espèce. Je m'en informerai cependant, et je vous en rendrai compte.

Je verrai avec plaisir la nouvelle édition de la vie de Michel Ange, d'Ascanio Condivi. Puisque vous en avez bien voulu prendre le soin, elle ne peut manquer d'être enrichie de choses aussi curieuses qu'intéressantes. J'apréhende seulement que ce qui est de moy ne dépare l'ouvrage, et puisque vous estiez déterminé à faire usage de ces remarques que j'avois envoyé *(sic)* à M. Gabburri, j'aurois souhaité que vous m'en eussiez parlé plus tost, j'aurois taché de les rendre plus supportables, au lieu que dans l'estat, où elles sont, j'ay tout lieu de craindre qu'on ne les envisage pas avec autant de complaisance que vous le faites. Mais le mal est fait et puisque vous avez dessein de donner un second volume, dont j'approuve le plan, si j'ai dit quelques sotises, vous voudrez bien permettre que j'en demande excuse dans ce second volume, et que je réforme ce que je pourrois avoir dit de mal.

J'en jugerai lorsque votre édition me sera parvenue, et j'en jugerai avec sévérité, car je ne suis point homme à me laisser éblouir par les éloges que vous me distribuez sans les avoir assez mérité, et peut être sans me connoitre assez.

Il y paroist du moins, Monsieur, aux qualités que vous me donnez. Vous m'accordez celle de peintre, et je ne le fus jamais. Il est vray qu'à la réquisition de M. Gabburri, on a bien voulu m'admettre dans votre illustre Accadémie du dessein. Mais c'est à titre d'amateur. Et je ne suis que cela. Je suis fils d'un père qui auroit primé dans la gravure s'il eut continué de l'exercer, et petit fils et arrière petit fils de deux des meilleurs connoisseurs qu'il y ait eu pour les estampes. J'ai hérité d'un très beau cabinet d'estampes qu'ils s'étoient formés *(sic)*, et j'y ay joint un assemblage de desseins du premier ordre, qui me font passer des jours extrêmement agréables, et adoucissent les peines et les travaux dont est inséparable un commerce assez considérable de librairie que je fais, aussi bien que le soin d'une imprimerie. Vous voyez, Monsieur, que cet estat est fort différent de celui de peintre, et comme je suis connu sur ce pied là, si vous pouviez réformer dans vos exemplaires, par un *errata* ou autrement, la qualité que vous m'y donnez, et réformer aussi mon nom qui est *Pierre Jean* et non *Pierre* seul, vous me feriez bien du plaisir.

Je ne puis vous dire bien positivement tout ce que je pourrai vous fournir pour votre second volume : il faut avoir vû le premier auparavant; mais je vois à veue de pays, que vous pourrez avoir de moy une notte exacte de tous les ouvrages de Michel Ange, tableaux, sculptures, ou desseins qui sont en France ; à quoy je pourray joindre, si vous le jugez à propos, le catalogue des estampes qui ont été gravées d'après ce grand homme. Je n'ay aucun des desseins d'architecture qu'il a fait pour l'Eglise de St Pierre, mais je possède un grand nombre de ceux qui ont été faits par le Sangallo. Ce sont précisément les mêmes que le Vasari avoit rassemblé et qu'il avoit inséré dans son fameux recueil de desseins, dont j'ai un volume entier. Je pourai *(sic)* quelque jour vous entretenir d'un de ces desseins qui est curieux. C'est un projet pour un palais que le Sangallo devoit bâtir à Florence pour les Médicis.

Restons en là pour le présent, Monsieur, et permettez moy de vous demander d'avance quelqu'indulgence pour un ouvrage que j'ai actuellement sous la presse et que je compte faire paroitre dans l'année prochaine

C'est un *Traité sur les pierres gravées*, dans lequel je me suis bien gardé de prendre le ton de sçavant. Je me suis contenté de tâcher de faire connoitre et de faire estimer ces précieux restes de l'antiquité, en les représentant par la partie du dessein, c'est à dire par l'endroit qui flatte davantage le goût. Je ne promet pas d'apprendre à les connoitre, mais je me suis cependant étudié à établir les différentes manieres et à en faire voir les différences. J'ay fait aussi l'histoire des graveurs. J'ay parlé de la manière de graver et je donne autant que je le puis une idée de tous les ouvrages qui ont paru jusques à présent sur les pierres gravées. Cette partie, que j'intitule *Dactyliographie*, ne laissera pas d'être assez considérable, car j'ay taché de ne rien laisser échapper, pas même les plus courtes dissertations. Je n'ay pas besoin, Monsieur, de vous dire que vous y occuperez une place, et c'est bien ce qui fera le plus dhonneur à mon ouvrage. Plût à Dieu que je n'eus *(sic)* à faire mention que de livres remplis d'autant de bonne érudition que les vôtres! J'imprime le mien dans la forme d'un petit infolio, et il aura deux parties; la seconde sera la plus intéressante et la mieux exécutée puisqu'elle contiendra environ 200 pierres gravées choisies dans le cabinet du Roy, et gravées avec soin d'apres les desseins de l'illustre M. Bouchardon. Je ne crois pas en dire trop. Il n'a encore été rien fait de mieux dans ce genre. Je voudrois déja que l'ouvrage parut pour en avoir votre sentiment et votre approbation.

Je vous suis bien obligé des soins que vous voulez bien prendre pour procurer à mon amy les 20 planches qui lui manquent dans le premier vol. de vos *Inscriptiones Etruriæ*. S'il faut payer pour cela quelque chose, je ne le refuse point.

Je n'ay point les livres que vous me demandez en échange de quelques exemplaires de la vie de Michel Ange, mais si dans ceux que j'ai imprimé et dont je pourrai vous envoyer la liste, il y en avoit quelques-uns qui vous convinssent, non seulement je me chargerois de quelques exemplaires de cette vie, mais je prendrois encore pour mon usage votre *Musœum Etruscum* et même les 3 vol. des *Inscriptiones Etruriæ*. Vous me direz ce que vous pensez de ma proposition. Je souhaiterois qu'elle vous convint, car je serois charmé d'avoir tout ce que vous avez fait, tant je l'estime.

Quand comptez-vous que nous aurons deux nouveaux volumes du *Musœum Florentinum*?

Les vingt planches de votre premier vol. des *Inscriptiones Etruriæ* ne contiennent-elles pas les représentations de 62 pierres gravées, ainsi que vous l'avez annoncé dans le Discours?

Est-il vray qu'il y a eu une édition du livre du Père Orlandi: *Abecedario Pittorico*, faite à Florence en 1731, 4°, avec figures? Quelqu'un veut me le soutenir; mais je n'en crois rien.

Un autre ouvrage auquel je m'intéresse beaucoup est l'édition de Dante faite à Florence dans la fin du xve siècle, c'est à dire dans le commencᵗ de la découverte de l'Imprimerie par la Magna, ainsi que me l'a écrit autrefois M. Gaburri, en m'envoyant deux épreuves de planches gravées en cuivre pour cette édition et que M. Calvini (?) prétendoit estre de Maso Finiguerra. Je serois bien aise d'être informé un peu en détail de ce que c'est que cette édition, qui n'est point connue ici, et s'il est vray qu'il y ait des figures gravées en cuivre à la teste de chaque chant. Celles que j'ay sont pour le 1ᵉʳ et le 3ᵉ chant de l'Enfer. Cette édition porte-elle (sic) une datte, quelle est sa forme? Vous me feriez bien plaisir, Monsieur, d'examiner tout cela. J'en ay besoin, en cas que je me trouve quelque jour assés de loisir pour faire l'histoire de la gravure en cuivre, sur laquelle j'ay rassemblé déjà bien des matériaux.

Mais c'est trop abuser de votre tems, Monsieur. Il est trop précieux et je me veux du mal de vous détourner, pour des bagatelles, d'un travail dont le public retire tant d'utilité. J'ay l'honneur d'être avec la plus singulière estime,

Monsieur,

Votre très humble et très obéisᵗ serviteur,

MARIETTE.

J'ay pris la liberté d'adresser à M. le marquis André Gerini, dans une balle que je viens d'expédier à M. Bouchard, libraire françois, un roulleau dans lequel il y a une épreuve du portrait de mon père, que je viens de faire graver, une autre épreuve d'une Bachanale, qui a été gravée icy d'après le dessein d'un homme qui auroit été loin s'il eut vécû, et que nous pleurons tous, et deux petites brochures, entr'autres une description que j'ay faite de la belle fontaine qui vient d'être élevée dans cette ville par M. Bouchardon. Ce sont des bagatelles et je ne sçais comment m'y prendre pour vous prier de les accepter.

A Monsieur, Monsieur Antoine François
Gori, Prévost de S. Jean et professeur
en histoire, à Florence.

(Florence. Bibl. Marucelliana. Carteggio di Gori. Lettre M. Iʳᵉ partie).

A Paris, ce 20 octobre 1747.

MONSIEUR,

Je vous ay promis que vous auriez une épreuve de l'estampe qui a eté gravée autrefois d'après le dyptique qui est à la Bibliothèque du Roy, et je vous tiens parole : Je vais même au delà de mon engagement, car je vous envoye en même tems un dessein du même dyptique, tout autrement exact que l'estampe. Lorsque je confrontai pour la première fois celle-ci avec l'original antique, je fus, je vous avoue, révolté du peu de ressemblance qu'il y avoit entre l'un et l'autre, et je résolus dès lors d'en faire faire un nouveau dessein ; car, pour moi, je suis dans cette opinion qu'il vaut mieux ne point donner les choses, que de ne les point donner telles qu'elles sont. MM. Sallier et Mellot, qui ont la garde de la Bibliothèque du Roy, ont bien voulu me seconder, en me confiant le morceau antique, et voulant bien permettre qu'il fût déplacé. Il n'é-toit plus question que de trouver un dessinateur exact, et rien n'est si difficile. Si c'est un peintre supérieur dans son art, il a ordinairement une manière faite à laquelle il ne manque pas de rapporter tout ce qui sort d'entre ses mains. Si, au contraire, on s'adresse à un dessinateur ordinaire, il s'en aquitte mal ; et d'une ou d'autre manière, il arrive que l'imitation ne se fait que très imparfaitement. On n'en a que trop d'exemples dans tout ce qui a paru gravé d'après les monumens antiques. Quels (sic) sont celles de ces copies qui donnent une idée juste des ori-ginaux qu'elles représentent ? On les peut compter. Il seroit fort à sou-haiter que tout ce que nous avons dans ce genre eût été fait aussi bien et aussi exactement que ce que je vous envoye. Je puis vous assurer que c'est comme si vous aviez l'original même sous les yeux.

Si je vous disois que celui qui en a bien voulu prendre le soin est M. Bouchardon, le plus excellent homme que nous ayons, vous seriez étonné de ce qu'il a bien voulu s'abaisser à quelque chose qui en appa-rence étoit si peu digne de lui; mais cet habile homme aime passionément l'antique et tout ce qui en porte le nom lui devient respectable. Il est d'ailleurs mon amy, et il a bien pensé que j'en serois reconnoissant. Je lui en suis d'autant plus obligé qu'il me met par là en estat de vous donner des preuves de mon estime et de mon zèle sincère. Je souhaite que vous soyez aussi content que je le suis, mais j'aurai toujours un motif de plus, qui sera de vous avoir obligé.

Le dessein que je vous envoye est une contre épreuve et j'ay préferé de vous l'envoyer, parce que vous pourrez le faire calquer et le graver dans le même sens, et que l'estampe viendra du même côté que l'o-rigi-nal. Si cependant vous aviez besoin du dessein, ce qui ne me paroit nul-lement nécessaire, je pourrai vous l'envoyer pourvû que vous vous en-gagiez à me le renvoyer, car je ne l'aurai qu'à cette condition. Mais encore une fois, vous ne pouvez pas en avoir besoin. Ce que je vous en-voye en dit tout autant et rien n'y manque absolument. Je ne serois point d'avis que le graveur y mît beaucoup d'ouvrage, et je voudrois, au contraire, qu'il le tînt un peu clair, pour faire connoître que le bas relief est d'ivoire. — La femme qui est à la gauche du camée dans le dessein tient à la main quelque chose de rond, tel qu'il est exprimé dans le dessein, mais on ne sçait trop ce que c'est, le bâton ou haste qu'elle tient pareillement entre les mains vous paroitra rompu : vous pouvez cependant compter qu'il est ainsi dans l'original. Les deux enfans en buste représentés dans les deux petits tableaux aux deux côtés du siége, portent des fruits dans une espèce de serviette, et c'est, si je ne me trompe, une figure de l'Abondance. Cela n'étoit point exprimé, ou du moins cela l'étoit mal, dans la planche gravée. Tout le reste s'explique, ce me semble, assez bien et ne souffre aucune difficulté. Je ne serai pas faché d'en avoir une ou deux épreuves pour en remettre à la Bibliothèque du Roy, auprès de l'original, quand vous l'aurez fait graver.

Comptez-vous que cet ouvrage que vous préparez sur les Dyptiques verra bientost le jour?

Je prend la liberté de vous envoyer une épreuve d'une des planches de pierres gravées qui doivent entrer dans l'ouvrage que je prépare et que j'ai sous presse. Mais en vous avertissant cependant qu'elle n'est pas encore tout à fait achevée, car outre qu'il y a encore quelques dernières touches à donner, il y faut encore mettre une taille dans le fond, et une bordure autour. Dans l'état qu'elle est, j'espère qu'elle ne vous déplaira pas.

Si vous rencontrez dans votre chemin M^r le baron Stosch et que vous vouliez lui montrer cette épreuve, je vous serai obligé. Je sçais qu'il désire de voir un échantillon de cet ouvrage, et que ce morceau lui pourra faire d'autant plus de plaisir, qu'il y reconnoitra le goût de son ancien ami M. Bouchardon qui en a fait le dessein. Il y aura cent vingt sujets pareils, et environ quatre vingt testes.

L'on ne peut rien ajouter aux sentiments de la parfaite estime avec lesquels j'ai l'honneur d'être,

Monsieur.

Votre très humble et très obéissant serviteur,

Mariette.

J'espère que vous aurez reçû la lettre que j'ai eu l'honneur de vous écrire par M. Bouchard.

A Paris, ce 16 janvier 1748.

Monsieur,

J'ay eu l'honneur de vous écrire le 28 septembre dernier, sous le couvert de Monsieur Bouchard et depuis je vous ay encore adressé une lettre le 21 octobre[1] que M. le comte de Caylus m'a promis de faire mettre dans le paquet de la cour. Mais comme je ne reçois point de réponse à l'une ni à l'autre, je commence à être inquiet de leur sort, et je prend le parti de vous écrire encore pour vous prier de me tirer sur cela d'inquiétude. Je me consolerois aisément de la perte de la première lettre; mais je ne sçais trop comment je pourais réparer la seconde perte, et vous en conviendrez avec moy quand j'aurai eu l'honneur de vous dire que j'ay mis dans cette dernière lettre non seulement une épreuve de l'estampe du dyptique que vous me demandiez, mais encore un dessein exact et très fini que m'a fait ici un artiste d'un mérite supérieur, d'apres ce même dyptique qui, dans l'estampe qu'a produit M. Du Cange, est rendu fort imparfaitement. Jugez donc, Monsieur, si j'ai raison d'être inquiet. En cas que ma d. lettre du 21 8e dernier ne vous ait pas été remise, ayez la bonté de voir Monsieur le comte Lorenzi et faites auprès de lui

---

1. D'après une note de Gori, cette seconde lettre ne lui est parvenue que le 9 janvier 1748.

quelque recherche, car j'en ay faites ici, et l'on m'a fort assuré que la lettre avoit été mise, ainsi que je vous l'ay dit, dans le paquet de la cour.

Je ne vous répète point, quant à présent, tout ce que je vous y disois, dans la persuasion où je suis, que si vous ne l'avez pas encore eu, elle ne peut manquer de se retrouver, mais vous voudrez bien seulement me permettre de vous faire ressouvenir des xx planches qui manquent à mon amy dans un exemplaire du premier volume de vos *Inscrizioni* (sic) *della Toscana.* Vous m'avez promis que vous feriez tout ce qui dépenderoit de vous pour les lui procurer. Si celui de qui cela dépend ne veut pas les donner gratuitement, quoy qu'il y ait de la justice à parfaire un livre qui a été vendu incomplet, je ne demande pas mieux que de payer ce qu'il faudra. Ainsi, Monsieur, faites comme pour vous même, et si vous avez payé quelque chose, marquez le moy, je vous en ferai rembourser par M. Bouchard, aussitôt que j'en aurai eu l'avis. Mais je voudrois bien que vous puissiez lui donner au plutot ces xx planches, attendu que M. Bouchard doit faire le voyage de Paris dans le commencement du printems prochain, et que je voudrois bien qu'il les pût apporter avec lui, sans quoi la difficulté des occasions empêcheroit que je ne les pu (sic) jamais recevoir.

Ledit sr Bouchard m'a écrit que vous aviez eu la bonté de lui re-mettre pour moi un exemplaire de la nouvelle édition de la vie de Mi-chel Ange Buonarroti et je vous en fais mille remercimens. Lorsque je l'aurai reçû, je l'examinerai avec attention, et je crois que je pourrai vous envoyer plusieurs choses pour le second volume que vous méditez. J'au-rois cependant bien voulu, ainsi que je vous l'ay marqué dans mes deux dernières lettres, que vous eussiez pû remédier à l'erreur que vous avez faite, en m'accordant la qualité de peintre, que je n'ay pas, non plus que celle de membre de l'Académie Royale de peinture de Paris. Vous sentez que cela ne peut manquer de me donner un ridicule que je voudrois bien m'épargner, et j'espère que vous ne me refuserez pas un carton.

Je vous envoye encore cette lettre dans le paquet de la cour, et j'es-père qu'elle aura un meilleur sort que les dernières. Si vous voulez me répondre, vous pouvez donner votre réponse à Monsieur le comte Lo-renzi, en observant de mettre une double enveloppe à votre lettre, et sur la dernière enveloppe l'adresse de *Monsieur de Boze, de l'Académie Françoise et de celle des Belles-Lettres, et garde des antiques de S. M. à Paris.* Vous pouvez compter que votre lettre me sera rendue exactement.

En voici une que je prend la liberté de mettre sous votre cou-vert pour M. Bouchard, auquel je vous supplie de la faire remettre. J'attend avec impatience de vos nouvelles, et vous prie de me croire avec les sentimens d'estime que vous méritez, et toute la reconnoissance pos-sible, Monsieur,

Votre très humble et très obéissant serviteur,

MARIETTE.

A Monsieur
Monsieur Antoine Francois Gori,
professeur en histoire dans l'U-
niversité de Florence et Prevôt
de S. Jean à Florence.

X

L'abbé Barthélemy. — 1716-1795.

MONSIGNORE,

J'ai reçu les copies que vous avez eu la bonté de m'envoyer. Je vous
en remercie et je charge le porteur de cette lettre de vous rembourser les
58 paoles que vous avez bien voulu avancer pour nous. Je joins ici
une lettre de notre ami M. Mariette, qui est enchanté d'avoir l'honneur
de votre connoissance, et qui me fait à cet égard les remerciemens les
plus touchants et les plus sincères. Je ne dois pas néanmoins vous dissi-
muler que sa modestie est étrangement alarmée du dessein, où vous étiez,
de publier quelques-unes de ses lettres[1]. Il me prie de me joindre à lûi
pour vous en dissuader. Il a si peu d'estime des ouvrages qu'il a compo-
sés avec le plus de soin qu'il frémit de la crainte que votre politesse lui
a inspiré; il sent que c'est un effet de votre générosité, mais il vous
prie de considérer que la publication de ces lettres fourniroit contre lui
des armes au docteur Giulanelli, de Florence, et qu'on ne manqueroit pas
en France de le comparer au card. Quirini. J'espère que les raisons
spécifiées dans la lettre que je vous envoye seront encore supérieures
aux miennes. Tout ce que je puis ajouter, c'est que certainement on lui
feroit la plus grande peine du monde, en prenant le parti qu'il redoute,
et que vous avez trop de modestie vous même pour ne pas respecter la
sienne.

Je profite de cette occasion, Monsignore, pour vous demander un service
assez important auprès de M. le duc Corsini : il s'agit d'une petite négo-
ciation relative à quelques médailles du cabinet de M. le duc de Brasciano. Mgr Picolomini m'assure que vous avez été consulté ; je
n'ai pas voulu vous en parler auparavant de peur qu'en multipliant les
sollicitations, je ne parusse vouloir ôter la liberté du refus.

Je puis passer aujourd'hui par dessus ce scrupule, et vous expliquer
avec confiance l'affaire dont il s'agit. J'avais fait prier M. le duc de Brasciano de vouloir bien distraire quelques médailles de son cabinet en
faveur de celui du Roi, et vous trouverez ci joint la copie du premier
mémoire que j'avois présenté. J'avois choisi des médailles qui, à propre-
ment parler, ne faisoient pas suite dans le cabinet Brasciano, et je n'aurois eu garde d'en demander de la suite en grand bronze, ou des médaillons du même métal. Ces deux suites sont très riches et loin d'en rien

---

1. Un grand nombre de lettres de Mariette ont effectivement été publiées, en traduction italienne, dans les *Lettere pittoriche*, de Bottari.

séparer, il faudroit plutot chercher à les compléter. J'ai demandé deux médaillons d'or du bas empire, et par conséquent moins précieux que s'ils étoient du haut empire. Troix (*sic*) médailles de rois grecs, et trois médailles d'or des empereurs romains. Pour ces huit médailles j'offrois la suite complette des estampes du cabinet du Roi, en 25 vol. in-folio.

Quoique les médailles en question soient assés rares, je suis persuadé que l'échange seroit très avantageux au cabinet de M. le duc de Brasciano ; Mᵍʳ Picolomini m'apprend que M. le duc appréhende que les médailles que je désire ne soient citées du cabinet Odescalchi, et il se fait un scrupule d'affoiblir le dépôt qu'il a recu de ses ayeux. Je sçais que deux ou trois de ces médailles ont été citées du cabinet de la reine Christine, mais personne n'ignore que toutes les médailles de cette princesse n'ont pas passé individuellement dans la maison Odescalchi. C'est ce que je tâche de montrer dans le second mémoire que je vous envoye. Vous y verrez un autre plan d'échange qui serviroit peut être mieux à lever tous les scrupules de M. le duc, si l'échange se fesoit par médailles, en appauvrissant le cabinet d'un coté, on l'enricherait beaucoup plus de l'autre. La grâce que je vous demande, Monsignor, c'est de vouloir bien me prêter votre secours auprès de M. le duc de Corsini ; je sais que la confiance qu'il a en vous est égale à celle que M. le duc de Brasciano a en lui. Vous ne devez pas douter que cette affaire ne me touche vivement. Je voudrois porter quelque chose en France, puisque j'ai été envoyé en Italie dans cette vüe. Loin de faire tort au cabinet Brasciano, je crois pouvoir l'enrichir de plusieurs médailles très rares qui lui manquent. Je rendrois en même temps à l'illustre possesseur toute la justice qu'il mérite dans la préface du catalogue du Roi, qu'on commencera bientot à graver, et ce témoignage, s'il me permettoit de le lui rendre, ne suffiroit-il pas pour les étrangers, et quelqu'un pourroit-il trouver mauvais, qu'un grand seigneur eût eu la complaisance de sacrifier quelques médailles pour embellir le cabinet d'un grand Roi ?

Je vous parle, Monseigneur, avec la confiance que m'inspire votre amitié, et je vous prie de ne faire de ma lettre que l'usage que votre prudence vous suggérera. Je vous réitère les témoignages de ma reconnoissance et de l'attachement aussi inviolable que respectueux avec lequel je serai toute ma vie, Monsignore, votre très humble et très obéissant serviteur.

A Frescati (*sic*), ce 8 juillet 1756.

BARTHÉLEMY.

(A Mᵍʳ Bottari.)

Je vous prie de dire bien des choses pour moi à M. l'abbé Foggini.
(Rome, Bibl. Corsini, n° 2028, fol. 13).

XI

La Condamine. — 1701-1774.

A Cesanico, ce 30 avril (1756).

Je ne veux pas différer plus longtems, Monseigneur, à vous renvoyer la lettre que vous aviez eu la bonté de me procurer pour Nocera. Ce que j'ai apris (*sic*) des qualités de ces eaux qui ne sont point telles que je les croyois, et le peu de tems qui me reste pour voir Boulogne et Parme et me rendre à Venise avant l'Ascension m'ont détourné de mon projet et m'ont empêché de profiter de la grâce que vous avés sollicitée pour moi. J'ai craint que vous ne fussiés en peine, ou M. votre ami, de ne point recevoir de nouvelles de Nocera. Je ne vous en suis pas moins obligé ni moins reconnoissant de tous les témoignages d'amitié que j'ai recues (*sic*) de vous ; ma reconoissance est égale à l'estime et au respect avec lequel j'ai l'honneur d'être,

Monseigneur,

Votre très humble et très obéissant serviteur,

La Condamine.

Mes respectueux hommages à toute la maison Corsini. Mes très humbles complimens, s'il vous plait, à M. le Cher Pecci.

(Bibl. Corsini, n° 2028, fol. 54. A Mgr Bottari.)

Paris, 30 mai 1757.

Monsignor e carissimo amigo e padrone. Non ardisco scriverli in italiano havendolo scordato, non per legerlo e capirlo, ma per scrivere. Et non avendo parlato una volta dache giunsi a Torino. Il faut donc parler françois. Je le parle un peu mieux que l'italien, et vous l'entendés également.

J'ai reçu, mon cher seigneur, à Genève, le 17 juillet, la lettre que vous m'aviés écrite de Rome et qui m'avoit été renvoyée de Venise où elle étoit adressée. Je l'ai sous les yeux et je suis infiniment sensible aux marques d'amitié dont elle est remplie, et au souvenir de toute la maison Corsini, dont je n'oublie point toutes les bontés.

Je ne suis arrivé à Paris qu'au commencement du mois d'aoust. Les difficultés survenues au sujet de la nouvelle dispense (parce que j'étois le parein de ma nièce, ce qui rend, dit-on, la parenté beaucoup plus étroite) n'ont pu être levées qu'en récrivant à Rome. Le délai qu'il a fallu essuyer pour avoir une nouvelle dispense et ensuite l'embuscade des banquiers expéditionaires qui m'attendoient dans un défilé pour faire feu sur moi, tout cela m'a mené au mois d'octobre. J'ai passé l'hyver chez ma femme ou plustot chez sa mère en Picardie, où je resterai six mois de l'année. Je suis revenu à Paris, puis retourné là bas, me revoici à Paris pour trois semaines. Je mène une vie fort ambulante jusqu'à ce que je puisse faire un arrangement stable. J'étois fort à mon aise étant garçon et je suis fort mal aisé depuis que je suis marié. Cependant, loin de m'en repentir, je bénis mon sort et le Pape qui me l'a procuré. Ma nièce fait les mêmes vœux pour Sa Sainteté. Nous sommes fort contens les uns des autres.

Pendant toutes mes allées et venues, je me suis toujours proposé de vous écrire, et, en attendant, j'ai prié M. Boyer de me donner de vos nouvelles. Je viens d'en recevoir par M. l'abbé Barthélemi de verbales à la verité, mais j'espère que vous voudrez bien m'en donner de directes.

Dans l'intervalle d'un de mes voyages, j'ai été voir Mgr l'abbé Corsini et M. le chevalier Pecci pendant le court séjour qu'ils ont fait à Paris. Ils m'ont fait l'honneur de venir chez moi ; je les ai menés voir le cabinet d'histoire naturelle du jardin du Roi. J'espérois les retrouver à mon retour de Picardie, au commencement du carême. Ils étoient repartis pour Rome. On m'a dit que le Prince Barthélemi et le grand Prieur étoient à Naples. Le premier ne se marie-t-il point ? Je crois toujours en lisant l'article de Rome dans la Gazette que je vais trouver la nouvelle (sic) son mariage et de celui de Mlle Thérèse.

Mr l'abbé Corsini a bien voulu se charger d'un placet pour un misérable juif de Carpentras, agé de 80 ans, qui n'ose retourner dans sa famille, parce qu'on a trouvé chez lui un livre manuscrit, qu'il n'y a sûrement pas mis, sachant à peine lire. Mgr le cardinal Corsini est, je crois, président de la congrégation ou du tribunal dont dépend cette affaire. Je joins ici un nouveau mémoire pour faire ressouvenir Mr l'abbé de la (sic) promesse, et comme il a déjà une première requête, je vous prierai de faire présenter celle ci à Mgr le Cardinal par Madame la Duchesse et par Mademoiselle Thérèse. Quand elles auront lu le mémoire, elles auront sûrement pitié du bon Israélite, qu'il y a trois ans qu'on persécute et qui est devenu le *Juif errant* qui n'a ni feu ni lieu. L'intérêt que je prens vient de ce qu'il y a ici un nommé Pereira, juif Portugais, auteur du secret pour faire parler les muets de naissance, qui a une pension du Roi de France, qui est connu de tous nos académiciens par plusieurs inventions approuvées de l'Académie, et qui est d'ailleurs un fort honnête homme, à la conversion duquel je travaille. C'est à lui que j'ai promis d'agir en faveur du viel Hébreu son compatriote, quoique l'un soit né à Lisbonne et l'autre à Avignon. Voilà une bonne œuvre que je recommande à votre charité et à la générosité de ces dames et de Madame la duchesse Bracciano, que j'ai eu l'honneur de voir à Milan.

Conservés votre santé, mon très cher prélat, et toujours un peu de part dans l'amitié dont vous m'honorés et soyés bien assuré du tendre et respectueux attachement avec lequel je suis, mon cher seigneur,

> Votre,
>
> La Condamine.

(Rome, Bibl. Corsini, 2028, fol. 60. Sans adresse : A Mgr Bottari). [1]

---

1. Le même volume contient une lettre de La Condamine, en date du 5 décembre 1757.

XII

Seroux d'Agincourt. — 1730-1814.

AMICO CARISSIMO,

Sentendo dalla voce publica e dalla proclama stampata, che mi tro-
vavo ascritto dal generale francese nel numero de' letterati componenti
l'Istituto nazionale romano per la classe di Filosofia, Belle Lettere ed
Arti liberali, ho ben capito che un onore tale mi veniva promosso dalla
di Lei amicizia e da' rapporti troppo favorevoli del console Visconti e
dell (*sic*) ministro Corona. Ma d'una parte credendomi ben lontano
dalla capacità e troppo sproveduto delle cognizioni necessarie per se-
dermi meritevolmente accanto di personaggi miei maestri, tutti noti,
quanto sono loro, a tutto il mundo pel erudizione e le qualità letterarie
le più cospicue, e d'un altra parte trovandomi aggravato, più che mai, da-
gli incommodi dispiacevoli ed assai dolorosi, di cui ella stessa è stata testimonio più volte, incommodi tali che non mi permettono ne seduta, ne
funzione publica, mi sono jeri presso del generale francese, del console
Visconti e dell' (*sic*) ministro Corona, scusato di accettare l'onore ed il
favore, dalla loro benevolenza destinato a me, e non potendo portar me
da Lei, le ne do avviso, pregandola di unirsi a me per manifestare, colla
sua solita gentilezza, a' suoi degni associati tutta la mia gratitudine. (sui-
vant les formules d'usage),

D'AGINCOURT.

Di casa, a dì 4 di aprile 1798.

(Sans adresse, mais probablement écrite à Gaetano Marini.)
(Bibliothèque du Vatican, fonds latin, n° 9042, ep. 156.)

XIII

Paul-Louis Courier.

MONSIEUR,

Rome, le 31 janv. (1799) [1].

J'ai eu l'honneur de passer chez vous pour vous prévenir de mon dé-
part pour Cività-Vecchia, où je me rends demain. Je vous renvoye, non
pas tous les livres que vous avez eu la bonté de me prêter, mais seulement Visconti, Isocrate et Giaconnelli. Je prends la liberté d'emporter
les autres avec moi. Mon retour à Rome ne pouvant être éloigné, je ne
vous en priverai pas plus longtemps que si je fusse resté ici. J'abuse peut-
être des bontés que vous avez eue (*sic*) pour moi, mais si je compte trop
sur votre indulgence, c'est sûrement votre faute, car m'ayant traité
d'abord en ancienne connoissance, vous ne devez pas être surpris que je

---

1. Dans une lettre publiée dans ses *Œuvres* (8 janvier 1799), Courier nous a laissé
le récit de sa première entrevue avec l'illustre savant romain Gaetano Marini, auquel
sont adressées les lettres qui suivent.

me conduise comme si j'étois depuis longtemps votre disciple et votre admirateur, je n'ose ajouter votre ami.

All cittadino Marini, in Roma.

COURIER.

(Sur l'adresse on lit cette note, de la main de Marini : « Lettera di un capitano di artiglieria di 25 anni di Parigi, che venne a Roma nel gen. del 1799; giovane dottissimo, massime nella letteratura greca ».

Barletta, le 31 janvier 1805.

J'ai reçu, Monsieur et cher ami, avec un extrême plaisir votre lettre du 25 janvier dernier. Rien ne pouvoit me flatter plus que cette marque de votre souvenir. Votre amitié m'honore et chaque témoignage que vous m'en donnez y ajoute un nouveau prix.

Lorsque je reçus de vos nouvelles, d'abord par M. Andres, puis par M. Bramieri, j'espérois passer à Rome en me rendant ici, et je me flattois du plaisir de vous embrasser. Mais les circonstances m'ont forcé de prendre la route des Abruzzes. J'ai copié dans ce pays-là quelques inscriptions latines, qui me paroissent assez curieuses, et qui sans doute sont peu connues. Si vous me promettez de me les expliquer, ce que vous pouvez faire mieux que personne, je vous les ferai passer en original, car ici je n'aurois pas le temps d'en faire des copies. Je vous les enverrois même sans condition, si je n'étois bien aise de mettre à contribution votre érudition et de faire ainsi ma cour à nos sçavants de Paris, auxquels je communiquerois vos notes. Ils connoissent déjà vos ouvrages et ont, je vous assure, pour vous toute l'estime que vous méritez.

Je suis ravi que vous vous occupiez des papyres (sic) [1]; cela est bien entre vos mains. Mais dites-moi, ne songez-vous plus aux inscriptions des premiers siècles du christianisme [2]? Cet ouvrage étoit digne de vous et déjà bien avancé quand je vous ai quitté. J'en ai parlé à Paris, et tous ceux qui vous connoissent, c'est à dire tous ceux qui ont quelque goût pour l'antiquité, se réjouissoient de vous voir tourner de ce côté vos sçavantes recherches. Leur ferai-je donc le chagrin de leur dire que vous y renoncez?

D'après ce que me marque Mr d'Agincourt, vous occupez enfin au Vatican l'emploi dû à votre mérite. Je vous en félicite de tout mon cœur et m'en félicite moi-même à raison d'un service que vous seul pouvez me rendre. Je me suis engagé à la prière de quelques personnes fort instruites à donner une traduction françoise et une édition grecque des deux Traités de Xénophon sur la cavalerie. J'ai déjà beaucoup de matériaux et je puis vous assurer que dans peu de pages j'ai expliqué ou

---

1. Les *Papiri diplomatici descritti ed illustrati* de Marini parurent à Rome dans le courant de l'année 1805.

2. Le recueil de ces inscriptions est conservé en manuscrit à la Bibliothèque du Vatican (fonds latin, n° 9071). Mai en a entrepris la publication et M. de Rossi en a tiré plus d'un renseignement précieux.

rétabli, soit par des conjectures, soit à l'aide des manuscripts, un grand nombre de passages que personne jusqu'ici n'a compris. Cherchez, je vous en supplie, dans les manuscripts dont la garde vous est confiée, ces deux petits traités, et faites en prendre les variantes avec tout le soin possible. Je vous aurai vraiment toute l'obligation imaginable. Je ne puis attendre un tel service que de votre amitié éclairée. Si vous pouviez engager M. l'avocat Invernizi à faire lui-même cette collation, ce seroit un coup excellent. Encore une fois, je m'en rapporte à vous.

Un autre service que j'ai à vous demander, c'est de m'envoyer quelques lettres de recommandation pour les sçavans napolitains de votre connoissance. Le Père Ignarra vit-il encore? J'aurois grand plaisir à le consulter. J'en dis autant de Mr Rosini, évêque de Pozzoli. Auprès de ces sçavants hommes, je ne puis avoir d'autre titre que celui de votre ami.

Si, dans ce pays cy, je puis vous être de quelque utilité, chargez-moi de toutes vos commissions et ne doutez pas du plaisir que j'aurai à vous servir.

Je n'ai encore pu faire aucunes recherches dans les environs; il doit y avoir ici beaucoup de choses interressantes (*sic*). J'espère avoir bientôt assez de liberté pour me livrer à mes goûts, et je vous avoue que je regarde comme perdu tout le temps que je n'emploie pas à mes études favorites. Un jour peut-être il me sera permis de quitter tout pour vous suivre, comme dit l'Ecriture. Le papier me manque. Je vous embrasse. Χαῖρε καὶ ἔῤῥωσο.

COURIER.

All' Illmo Sig^e Sig^e Padrone S^e colendissimo il Sig. D^n Gaetano Marini, Prefetto della Biblioteca Vaticana di S. S. Roma.

(Bibliothèque du Vatican, fonds latin, n° 9046, ep. 336. Autographe. Le timbre apposé sur la lettre porte l'inscription : Armée française dans le royaume de Naples, n° 1).

Livourne, le 30 avril 1808.

MONSEIGNEUR,

Je vous ai écrit il y a environ deux mois une grande lettre, que sans doute vous n'aurez pas reçue. Nos postes de Toscane sont dans la même confusion que tout le reste. Je me persuade que c'est leur faute, si je n'ai pas de vos nouvelles, et j'espère qu'il ne sera rien arrivé de fâcheux ni dans votre santé, ni dans vos affaires.

Cependant, j'ai besoin que vous me rassuriez sur l'une et l'autre. Je veux croire pour l'honneur de notre gouvernement que les changements survenus dans le vôtre ne vous ont porté aucune atteinte : marquez-moi promptement ce qui en est. Je ne puis recevoir de lettres qui me fassent plus de plaisir et d'honneur que les vôtres.

J'attends ici un congé que je sollicite pour me rendre à Paris. Je lime toujours mon Xénophon, qui est à peu près en état de paroître. Si je ne puis aller à Paris, je le ferai imprimer à Milan, tel qu'il se trouve, mais non tel que je le voudrois.

Je vous réserve le premier exemplaire, non comme un présent digne de vous, mais comme le fruit d'un travail auquel vous avez bien voulu m'encourager.

Chargez-vous, je vous prie, Monseigneur, de mes salutations pour M. Amati, et donnez-moi, s'il vous plaît, des nouvelles du travail qu'il m'a promis de faire pour moi.

Je suis avec respect, Monseigneur,

Votre très humble serviteur et fidèle ami,

COURIER.

Chef d'escadron d'artillerie, à Livourne.

P. S. Si le travail de Mr Amati étoit fini, ayez la bonté de le garder jusqu'à ce que je vous indique par quelle voye il faudra me le faire parvenir.

Monseigneur, Monseigneur Gaëtano Marini, Préfet de la Bibliothèque du Vatican, à Rome [1].

(*Ibid.*)

Dites, je vous prie, Monseigneur, à Mr Amati que j'irai moi-même prendre à Rome le travail qu'il a bien voulu faire pour moi et que nous l'achèverons ensemble. J'espère pouvoir faire ce voyage dans les premiers jours de julliet (*sic*), et avoir encore une fois le plaisir de vous embrasser. La dernière fois j'eus à peine le temps de vous voir en courant. Mais enfin la vie est courte et les hommes comme vous sont rares. Je veux consacrer deux mois à vous entendre, et après cela, si je peux vous quitter, je m'en irai à Paris, où je raconterai ce que vous valez à ceux qui ne connoissent que vos ouvrages.

Croyez-moi, je vous prie, Monseigneur,

Votre très humble et obéissant serviteur,

COURIER.

Livourne, le 12 juin 1808.

(*Ibid.*)

---

1. Cette lettre fait suite à celle que Courier a adressée à Marini le 6 mars 1808 et qui a été publiée dans ses *Œuvres complètes*, édit de 1874, p. 278.

Original en couleur

NF Z 43-120-8

www.ingramcontent.com/pod-product-compliance
Lightning Source LLC
Chambersburg PA
CBHW060529200326

41520CB00017B/5180